动物园里的朋友们

（第一辑）

我是山羊

［俄］鲍·库兹涅佐夫 / 文
［俄］亚·布龙佐夫 ［俄］伊·热维吉 / 图
刘昱 / 译

江西美术出版社
全国百佳出版单位

我是谁？

我是一只山羊！骄傲、独立、非常聪明！

为什么？因为我们的祖先是野山羊。在山里生活并不容易，只有最聪明、最敏捷、最骄傲的山羊才能存活下来。

为了不把我们弄混，很久以前人们将山羊分成了三大类：野山羊、高加索野山羊和家养山羊。我们的身高和体重各不相同。身强体壮的山羊有 1 米多高，重达 160 千克（大约是你爸爸体重的 2 倍）。还有小型的家养山羊，它们一生体重也不会超过 15 千克。

分清我们的亲戚可真不容易。最重要的是，不要把我们和绵羊弄混！

最重的山羊的
体重是你的　　倍。

我们的家族

人们经常看到家养山羊，对它们也非常熟悉。但遇到野山羊可不那么容易。好吧，除非是在动物园里。野山羊不喜欢亲热，也不允许陌生人靠近自己。

来看一看我们的家庭相册吧！

表叔，西伯利亚北山羊——我们亲戚当中最强壮的山羊，十分机警。表叔的犄角有 1 米长，漂亮极了。

侄子，阿尔卑斯羱羊——是一位优秀的攀岩和登山运动员。

捻角山羊又名螺角山羊，也是我们的亲戚。它们是来自西藏的帅哥，胡子浓密，犄角长达 1.6 米，是厉害的武器。

山羊属包括
9种。

野山羊原本不在
澳大利亚和南美生活。
印度有大约
12 000 000
只家养山羊。

我们的居住地

除了南极洲以外，家养山羊几乎遍布世界各个角落。

我们喜欢山脉和新鲜空气！我们对生活条件要求很低，有时，我们生活的地方根本没有其他动物。

通常，海拔 5000 米以上的高山上还能发现我们的身影，那里可能都没有人类的足迹。我们的亲戚——西伯利亚北山羊，更是生活在海拔 6700 米的山上！可不是每个职业登山者都能到达那里！而我们就住在那儿。

我们既耐热又耐寒。干旱对我们来说没什么大不了的，当别的动物因为饥饿痛苦不堪时，我们却总能找到一些东西在嘴里津津有味地咀嚼。我们不喜欢平原和开阔的空间，也无法忍受潮湿的气候，尤其是人类的滨海度假胜地。

冬天，有20~30只
山羊聚集在一起抵御严寒。

我们怎么生活？

我们的一生都在旅行，上上下下，来来回回。

夏天，我们生活在山的高处；冬天，我们下山，以免被大雪困住，而且在山上也不太容易找到食物。

周围危险重重！有时白天必须藏身在特别险峻的地方，晚上才去牧场吃草，而且有山羊专门负责站岗。我们十分聪明，非常谨慎！

由于这种小心翼翼的生活方式，我们并不会聚集成群。一些不合群的山羊甚至喜欢骄傲地独自去吃草。

按照动物标准来看，我们的寿命很长：野山羊——12~15 岁，家养山羊——9~10 岁。有时，你还可以见到 20 岁的老山羊。

野山羊的
犄角长可达
1.5米。
家养的山羊妹妹犄角很短，长
0.2~0.3米。

我们的装饰品

当然，我说的是犄角！这是美丽和力量的象征。有的犄角弯弯曲曲，有的犄角笔直；有的犄角有棱纹，有的犄角很光滑；有的犄角呈螺旋状，就像开瓶器一样；有的犄角很长，甚至超过 1.5 米！我们的犄角是中空的，因此科学家将我们归为洞角科（一般是指“牛科”）。

你一定会问，为什么我需要犄角？首先，犄角特别漂亮！

除此之外，当我们决斗时，犄角还是一种厉害的自卫武器。决斗时，我们就像绅士一样严格遵守规则：决斗开始时，双方相对而站，前蹄腾起，用犄角厮打在一起。决斗者的咆哮声巨大，1 千米外都能听见！我们从不像绵羊那样，用额头互相顶来顶去，也从不攻击身体未受保护的部位，而且从不追逐逃跑者。我们是强大和高尚的动物！

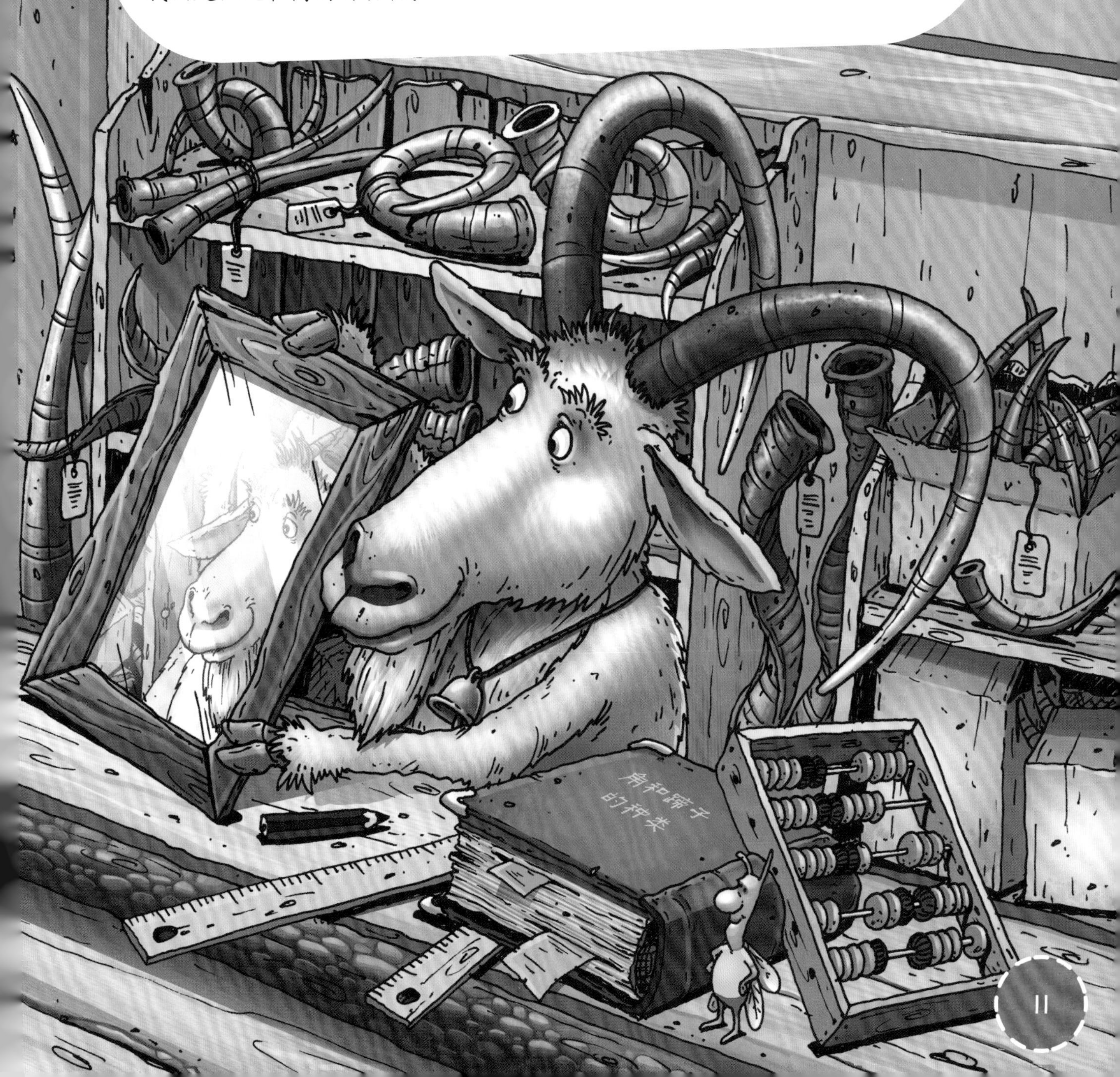

我们怎么保暖？

在寒冷地带生活的我们必须好好保暖。所以，我有一件厚厚的皮袄。可别小瞧了它，皮袄有两层，内层填满了厚厚的细绒毛。皮袄款式多样，有的甚至还有像狮子那样的大毛领。皮袄的颜色各不相同，有黑色、白色、灰色、棕色，甚至还有棕红色。除了皮袄之外，山羊们还有胡子，不仅小羊羔和公山羊有胡子，母山羊也有，只不过母山羊的胡子短一些。

我们很乐意分享。人们喜欢羊毛和羊绒，著名的克什米尔山羊绒和安哥拉山羊毛，还有奥伦堡羊绒披肩，都是用我们的毛做的！你不知道这些是什么？问问你的妈妈或祖母。

4~5只山羊的毛的重量就相当于你的体重。

我们怎么登山？

人类用手、脚和很多工具来爬山，我们只用腿。我们的腿一点儿也不普通，它们强壮、修长、弹跳能力很强，是世界上最棒的腿！我们的蹄子也很特殊——蹄子由两部分组成，中央柔软，边缘非常坚硬。因此，我们永远也不会在石头上滑倒，就好像我们黏在了石头上。我们在悬崖峭壁上都能站稳脚跟。

顺便说一句，就像你的指甲一样，我们的蹄子一生都在生长。

野山羊在攀岩过程中会磨蹄子，这对家养山羊来说很困难——它们在羊圈里生活，那里没有山，蹄子磨损少。因此，一个好主人应该时刻注意山羊的蹄子，按时清洁并修剪它们。否则，蹄子会变形，造成行走不便。山羊不用脚后跟走路……

山羊走一步的距离和
你走一步的距离一样长。
家养山羊的蹄子
1 年需修剪 2 次。

我们的感官

我们非常敏感！也就是说，我们所有的感官都发育得很好。感官是我们的安全系统。如果周围有敌人，我们怎么办呢？

你有没有看过山羊的眼睛？我们瞳孔的形状是横着的长方形！正是由于瞳孔和眼睛的特殊位置，让最马虎的山羊也能注意到后方偷偷到来的捕食者。注意，这一切不用转过头就能发现！

作为真正的美食家，我们辨别味道的本领十分厉害。即使是最普通的山羊，味蕾的数量也是人类的两倍。所以，你无法想象多汁鲜草的美味！

我们的一些感觉在人类的语言中也找不到相应的词语。例如，我们能够感觉出天气的变化。人们需要晴雨表，而我们的头脑中就有一个晴雨表！

山羊能够听清自己
身体两侧传来的声音，
但听不清后面传来的
声音。
晚上，山羊的
视力比你好。

现在谈谈最重要的

所有的山羊都十分聪明、机敏、谨慎！尤其在寻找食物时，这些品质就突显出来了——人们很难找到一个可靠的地方来隐藏我们可以吃的食物。必要的时候，我们可以拉开门闩，打开栅栏门，爬梯子，跳窗户以找到通向食物的道路。

很多人认为我们是非常固执的动物。的确如此，但这并不是因为愚蠢，而是与生俱来的自尊和对自由的热爱！没有人比我们更固执。对待我们越严厉、越粗暴，我们就会越固执。一般来说，在猫之后，山羊是最独立的家养动物。在山羊群中，领导者不是最强壮的山羊，而是最聪明、最机智的山羊。这一点值得人类向我们学习。

山羊可以迅速记住指令，如“停下”“别动”“握手”。

我们的能力

大家都知道我们是优秀的登山者！对我们来说，跳过 8 米宽的深渊，准确地落在山坡突出的岩石上没什么大不了。可怕吗？这和你在操场上跳远可不一样！我们还可以从比自己身高还高的地方跳下来。你自己试一试或者问问你的爸爸，就会明白这样做难度有多高。

爬树对我们来说也轻而易举。来自摩洛哥的非洲亲戚甚至能在树上吃东西。这可不是炫耀，而是因为那里的土地上几乎不长草。

另外，我们跑步也很厉害，可以在极短的时间内加速到 45 千米 / 小时，比人类 100 米赛跑冠军还快！

山羊可以轻松地
从6~7米高或者
三层楼高的地方跳下来。

我们的食物

我们对食物要求很低。山里的生活条件艰苦，我们只能吃干树叶、树枝、树皮、苔藓和地衣。

但如果有选择的话，我们也可以成为美食家。我们喜欢新鲜的嫩芽和香草，比如艾蒿和艾菊。最可口的是来自人类菜园的蔬菜和水果，尤其是当我们悄悄地到达那里，没有人类发现的时候。但不要拿桌上的剩饭剩菜喂我们——我们很爱干净，不会吃别人吃过的东西。

你们一定要把毛巾、地毯和桌布藏起来，因为我们喜欢咀嚼一切，即使味道和草相差甚远。

这些东西说不定味道会很好呢？如果不喜欢——就把它吐出来。我们是美食家，也是探索者！

我们还非常喜欢吃盐，即使要走超远的路，遇到各种艰难也要吃到盐。我们是食盐爱好者！
一只山羊一天可以
吃 千克草。
胖
山羊的菜单上有450种植物。

刚出生的山羊宝宝，体重
是山羊妈妈体重的
1/10

我们的山羊宝宝

大家是否听过一个关于狼、山羊妈妈和7只小羊羔的童话故事。但讲故事的人错了，山羊妈妈一般1胎只生1~2个山羊宝宝。

有时山羊妈妈1胎会生4个山羊宝宝，但从没有生过7个！山羊妈妈生宝宝叫作产崽。

山羊宝宝一出生就非常独立和敏捷——出生几小时后，就可以跟在妈妈身后奔跑。起初，山羊妈妈把孩子藏在一个安静的地方，不让别人看见，用可口又营养的鲜奶喂养它们。1个月后，山羊宝宝们就可以快乐地奔跑、跳跃、打打闹闹。

一年半到两年后，山羊宝宝就长成了强壮的山羊。我们的童年很快就结束了……

我们的天敌

我们周围的敌人有很多！经常攻击我们野山羊的有：狼、猞猁、貂熊、雪豹、熊、美洲狮、豹子甚至鬣狗！对于山羊宝宝来说，飞行的食肉动物——老鹰和金雕非常危险。但抓住我们并不容易。正如你所知，我们非常聪明和谨慎，而且不是每个捕食者都会爬山，所以狡猾的敌人经常会先埋伏起来，然后伺机攻击我们。最危急的情况下，我们会用犄角战斗。愤怒的山羊是非常危险的对手！

但是，对我们来说，最危险的生物还是猎人和偷猎者。

危险动物
狼
猞猁
貂熊
雪豹
熊
美洲狮
豹子
鬣狗
家养山羊
最大的敌人
就是潮湿。
鹰
金雕
猎人
偷猎者

我们可爱益处多

山羊是人类的朋友！我们和你们一起生活了 9000 多年。我们比狗被驯化的时间晚，但比猫和马都早。

山羊奶益处多多，医生有时会用它代替药品。山羊奶通常不会引起过敏，而且它的成分最接近人奶。山羊奶可以用来制作黄油、奶酪、乳渣，甚至冰激凌和酸奶。山羊中有专门产奶的奶山羊，奶山羊每天能产 2~3 升奶，最多的时候可以产满一整桶奶！

除了羊奶，我们还慷慨地与人类分享羊毛，还有十分珍贵的羊绒。毛最多的羊可以产 7 千克羊毛和 0.5 千克羊绒。

山羊也可以拉车，训练有素的山羊可以拉动装满 500 千克货物的车。

没听说过？好吧，其实我们也不喜欢拉车。

2只母山羊一年产的奶可以装满一辆运奶车。

1只公山羊的毛可以织30副手套。

饲养我们十分方便，麻烦事很少，还能获得利益。众所周知，我们独立自主，容易养活。饲养我们好处多多！

再见！山上见！

动物园里的朋友们

本套书共三辑，每辑 10 册，共 30 册。明星作者以第一人称讲故事的形式，展现每个动物最与众不同、最神奇可爱的一面，介绍了每种动物的种类、生活环境、形态特征、生活习性等各方面。让孩子们足不出户也能了解新奇有趣的动物知识。

第一辑（共 10 册）

第二辑（共 10 册）

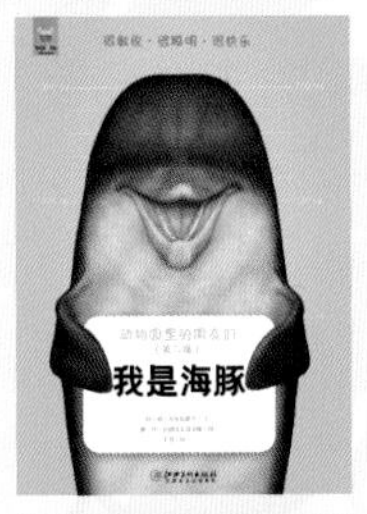

第三辑（共 10 册）

图书在版编目（C I P）数据

动物园里的朋友们. 第一辑. 我是山羊 / (俄罗斯)
鲍・库兹涅佐夫文 ; 刘昱译. -- 南昌 : 江西美术出版
社, 2020.11
ISBN 978-7-5480-7508-0

Ⅰ. ①动… Ⅱ. ①鲍… ②刘… Ⅲ. ①动物－儿童读
物②山羊－儿童读物 Ⅳ. ①Q95-49

中国版本图书馆CIP数据核字(2020)第070944号

版权合同登记号 14-2020-0158

出 品 人：周建森
企　　划：北京江美长风文化传播有限公司
策　　划：巴拉拉
责任编辑：楚天顺 朱鲁巍
特约编辑：石 颖 吴 迪 王 毅
美术编辑：童 磊 周伶俐
责任印制：谭 勋

动物园里的朋友们（第一辑） 我是山羊

DONGWUYUAN LI DE PENGYOUMEN(DI YI JI) WO SHI SHANYANG

[俄]鲍・库兹涅佐夫/文 [俄]亚・布龙佐夫 [俄]伊・热维吉/图 刘昱/译

出　　版：江西美术出版社
地　　址：江西省南昌市子安路 66 号
网　　址：www.jxfinearts.com
电子信箱：jxms163@163.com
电　　话：0791-86566274 010-82093785
发　　行：010-64926438
邮　　编：330025
经　　销：全国新华书店
印　　刷：北京宝丰印刷有限公司
版　　次：2020 年 11 月第 1 版
印　　次：2020 年 11 月第 1 次印刷
开　　本：889mm × 1194mm 1/16
总 印 张：20
ISBN 978-7-5480-7508-0
定　　价：168.00 元（全 10 册）